U0231686

优秀技术工人
百工百法丛书

高凤林
工作法

钢／铝异种金属
软钎焊制造

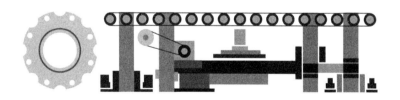

中华全国总工会 组织编写

高凤林 著

中国工人出版社

技术工人队伍是支撑中国制造、中国创造的重要力量。我国工人阶级和广大劳动群众要大力弘扬劳模精神、劳动精神、工匠精神，适应当今世界科技革命和产业变革的需要，勤学苦练、深入钻研，勇于创新、敢为人先，不断提高技术技能水平，为推动高质量发展、实施制造强国战略、全面建设社会主义现代化国家贡献智慧和力量。

——习近平致首届大国工匠
创新交流大会的贺信

优秀技术工人百工百法丛书
编委会

编委会主任：徐留平

编委会副主任：马　璐　潘　健

编委会成员：王晓峰　程先东　王　铎

康华平　高　洁　李庆忠

蔡毅德　陈杰平　秦少相

刘小昶　李忠运　董　宽

序

党的二十大擘画了全面建设社会主义现代化国家、全面推进中华民族伟大复兴的宏伟蓝图。要把宏伟蓝图变成美好现实，根本上要靠包括工人阶级在内的全体人民的劳动、创造、奉献，高质量发展更离不开一支高素质的技术工人队伍。

党中央高度重视弘扬工匠精神和培养大国工匠。习近平总书记专门致信祝贺首届大国工匠创新交流大会，特别强调"技术工人队伍是支撑中国制造、中国创造的重要力量"，要求工人阶级和广大劳动群众要"适应当今世界科技革命和产业变革的需要，勤学苦练、深入钻研，勇于创新、敢为人先，不断提高技术技能水平"。这些亲切关怀和殷殷厚望，激励鼓舞着亿万职工群众弘扬劳模精神、劳动精神、工匠精神，奋进新征程、建功新时代。

近年来，全国各级工会认真学习贯彻习近平总书记关于工人阶级和工会工作的重要论述，特别是关于产业工人队伍建设改革的重要指示和致首届大国工匠创新交流大会贺信的精神，进一步加大工匠技能人才的培养选树力度，叫响做实大国工匠品牌，不断提高广大职工的技术技能水平。以大国工匠为代表的一大批杰出技术工人，聚焦重大战略、重大工程、重大项目、重点产业，通过生产实践和技术创新活动，总结出先进的技能技法，产生了巨大的经济效益和社会效益。

深化群众性技术创新活动，开展先进操作

法总结、命名和推广,是《新时期产业工人队
伍建设改革方案》的主要举措。为落实全国总
工会党组书记处的指示和要求,中国工人出版
社和各全国产业工会、地方工会合作,精心推
出"优秀技术工人百工百法丛书",在全国范围
内总结 100 种以工匠命名的解决生产一线现场
问题的先进工作法,同时运用现代信息技术手
段,同步生产视频课程、线上题库、工匠专区、
元宇宙工匠创新工作室等数字知识产品。这是
尊重技术工人首创精神的重要体现,是工会提
高职工技能素质和创新能力的有力做法,必将
带动各级工会先进操作法总结、命名和推广工
作形成热潮。

此次入选"优秀技术工人百工百法丛书"
作者群体的工匠人才,都是全国各行各业的杰
出技术工人代表。他们总结自己的技能、技法
和创新方法,著书立说、宣传推广,能让更多

人看到技术工人创造的经济社会价值，带动更多产业工人积极提高自身技术技能水平，更好地助力高质量发展。中小微企业对工匠人才的孵化培育能力要弱于大型企业，对技术技能的渴求更为迫切。优秀技术工人工作法的出版，以及相关数字衍生知识服务产品的推广，将对中小微企业的技术进步与快速发展起到推动作用。

当前，产业转型正日趋加快，广大职工对于技术技能水平提升的需求日益迫切。为职工群众创造更多学习最新技术技能的机会和条件，传播普及高效解决生产一线现场问题的工法、技法和创新方法，充分发挥工匠人才的"传帮带"作用，工会组织责无旁贷。希望各地工会能够总结、命名和推广更多大国工匠和优秀技术工人的先进工作法，培养更多适应经济结构优化和产业转型升级需求的高技能人才，为加快建设一支知识型、技术型、创新型劳动者大军发挥重要作用。

中华全国总工会兼职副主席、大国工匠

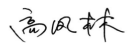

作者简介
About The
Author

高凤林

1962 年出生，中国航天科技集团有限公司第
一研究院 211 厂"高凤林班组"组长，特级技师，
高级工程师，火箭院首席技能专家。他四十多年
扎根一线，从事火箭发动机焊接工作，攻克了一
系列火箭发动机焊接技术世界级难关，为北斗导
航、嫦娥探月、火星探测、载人航天等国家重大
工程的顺利实施以及"长征五号"新一代运载火

箭研制作出了突出贡献。先后荣获国家科技进步奖二等奖、航天部科技进步奖一等奖、全军科技进步奖二等奖、全国技术创新大赛特等奖、全国职工优秀技术创新成果一等奖等科技进步奖 30 多项。荣获"全国十大能工巧匠""中华技能大奖""全国技术能手""中国高技能人才十大楷模""全国青年岗位能手""中央国家机关'十杰青年'""首次月球探测工程突出贡献者""全国五一劳动奖章"；2009 年享受国务院政府特殊津贴；2013 年荣获全国高端技能型人才培养实践教学二等奖；2014 年荣获德国纽伦堡国际发明展三项金奖；2015 年被评为"全国劳动模范""全国职工职业道德标兵"；2016 年被评为"全国十大最美职工"，并荣获第二届中国质量奖（政府奖）唯一个人奖；2017 年获"全国道德模范""北京榜样十大年度人物"；2018 年当选"大国工匠年度人物"；2019 年被授予"最美奋斗者"称号等。著书三部，发表论文 43 篇，获得发明专利 26 项。

"高凤林班组"现有成员 19 人，其中全国技术能手 6 人，中央企业技术能手 2 人。2005 年，班组被中国国防邮电工会、中国航天科技集团有限公司联合命名为"高凤林班组"。先后荣获"中央国有企业学习型红旗班组'标杆'""全国工人先锋号""全国学习型优秀班组""全国优秀质量小组""安全管理标准化示范班组";2011年被人力资源和社会保障部授予"高凤林国家级技能大师工作室"称号;2017年被全国总工会授予"全国示范性劳模和工匠人才创新工作室",以及被中国航天科技集团有限公司授予"航天六好班组""航天金牌班组",被中国运载火箭技术研究院授予"神箭金牌班组""长征班组"等荣誉称号。高凤林带领团队每年在全国范围内开展线上、线下技术交流上百万人次。

没有理论的实践，做不到高端，

没有实践的理论，也高不发达。

高凤林

目　　录
Contents

引　言
Introduction

　　钢/铝异性接头焊接一直是焊接领域研究的重要课题，尤其是钢/铝异性接头软钎焊，由于其过程复杂、技术难度高、焊接难度大，成为制约其技术应用的瓶颈。本工作法研究了某型号发动机阀座组件的软钎焊制造工艺难题，并针对铝合金（LF6）阀座和10号锻铝合金（LD10）法兰盘不锈钢（$00Cr_{17}Ni_{14}Mo_2$）薄壁波纹管钎焊过程进行了多次试验分析，最终确定了影响阀座组件钎焊质量的生产工艺机理。创新操作路径、发明操作方法，突破了生产技术制造瓶颈，使产品合格率大幅提高，保证了高密度发射批产的需求，也为其他结构的钢／铝产品结构软钎焊提供了有益的借鉴。

目前，世界上普遍采用同种镍基合金或不锈钢材料，以熔焊方式进行焊接的阀座组件结构，但材料密度大，应用效果差。采用钢／铝异种金属结构则很好地解决了这一问题，但因钢／铝异种金属软钎焊生产工艺复杂、周期长，产品合格率仅为 30% 左右，成为制约其生产技术应用的瓶颈，严重影响了氢氧发动机的批产交付。

笔者通过查阅大量国内外技术资料，结合生产现场实际，进行系统分析，寻找规律，并研究试验，夜以继日地开展技术攻关工作。经过各种试验观察，分析规律，印证所感，终于首次破解工艺机理，全面掌握了阀座组件生产的关键制造技术，使产品合格率从 30% 左右提高至 98.7% 左右，可靠性增长 2.5 倍以上。本工作法在后续批产品生产中开始全面投入使用，效果非常显著，并参加了一系列产品冷试、典试、热试车考核和火箭高密度发射，均获得圆满成功。产品质量和可靠性均达到国际先进水平。

第一讲

钢 / 铝软钎焊方法概述

　　不锈钢／铝合金物理、化学及力学性能等方面差异性大，不锈钢中的铁与铝可以形成固熔体、金属间化合物，又可以形成共晶体。虽然铁在固态铝中的溶解度极小，形成固熔体的概率极小，但是二者极易形成脆性金属间化合物，无法直接采用熔焊方法进行结构连接，只能采用钎焊方式。因不锈钢／铝合金组成的阀座组件结构特殊、应用条件特殊，特别是要保证薄壁波纹管在产品应用时具有足够的弹性，要求产品在钎焊过程中的加热温度不能高于不锈钢退火温度，否则，产品将失去为系统保压、减压的作用，而锡铅钎料的熔化温度为250℃左右，满足这一使用要求。

　　阀座组件的锡铅软钎焊工艺流程涉及很多金属材料表面处理工艺。由于目前还没有相应的检测设备对其表面质量进行量化表述，往往要靠操作人员的经验判别和目视观察来预估产品表面处理的质量效果。而仅靠经验操作，人异物异，产品的一致性很难保证，且为其后续钎焊埋下质量隐患。本工作法意在整个制造工艺流程中，从机理控制到过程把握，科学地解析其相关分析和研究，并且应用于实践当中，全面提高焊接质量，满足高质量、高可靠性、高效率的产品制造需求。

本工作法系国内外首创，拥有完全的自主知识产权，是氢氧发动机生产中一项重要的创新发明，具有重大的现实意义。先后获得全军科技进步奖二等奖、德国纽伦堡国际发明展金奖、中国发明创新特等奖、北京市职工技术创新一等奖，在来自全国 28 个省、区、市的单位（包括清华大学、北京大学等名校）参加的北京发明创新大赛上获唯一特等奖，并获全国职工优秀技术创新成果一等奖。

本工作法主要解决的技术内容是：（1）研究了新的铝合金表面吹砂量化工艺，有效地解决了铝合金镀铜层局部鼓包和锡铅钎料润湿问题。（2）研究了新的铝合金窄深槽镀铜工艺，突破了镀铜层不均匀的技术难题。（3）首次判明了阀座组件钎焊过程中易出现气孔、未熔合缺陷的产生机理，创新了焊接操作法。（4）优化浸锌方法，在业内首次采用中间层变性工艺，提高了铝合金法兰盘、阀座钎焊的连接强度。（5）在业内率先开创性地采用不锈钢波纹管局部镀镍屏蔽技术，确保了不锈钢波纹管挂锡质量和钎焊缝连接强度。

　　本工作法已在"长征三号"甲系列氢氧发动机数个批次的生产中得到成功运用与推广，取得了显著的经济效益和社会效益。阀座组件生产效率年度同比提高 5 倍以上，产品质量和可靠性大幅度提高。参加产品 2 万次疲劳考核 100% 合格，参加泵前阀门冷态典试车考核 139 次、热态全系统试车考核 76 次，全部顺利通过。仅就产品改进前的两次热试车考核泄漏失效而言，可挽回损失约 3000 万元。本工作法自应用以来，结束了氢氧火箭发动机阀座组件生产相对滞后且产品质量不稳定的历史，解决了长期困扰氢氧发动机批产交付的难题，实现了产品质量与可靠性双增长的创新模式，有效降低了生产成本，减轻了操作人员的工作负担，实现了企业降本增效的目标。截至 2016 年，本工作法累计创造直接经济效益28702.43 万元，确保了我国北斗导航、嫦娥探月、风云卫星和国际国内通信卫星等 76 次发射圆满成功，起到了扬国威、振民心的作用。本工作法不仅可以在航天航空领域应用，还可以在交通运输、民用产品领域推广，造福人类。

一、产品结构特征

阀座组件是氢氧火箭发动机泵前阀门的关键组件。产品由铝合金（LF6）阀座和 10 号锻铝合金（LD10）法兰盘不锈钢（$00Cr_{17}Ni_{14}Mo_2$）薄壁波纹管采用锡铅软钎焊而成，如图 1 所示。

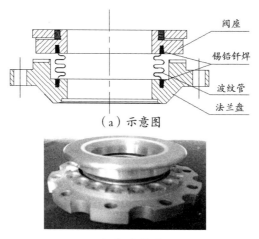

（a）示意图

（b）实物图

图 1 阀座组件示意图和实物图

　　该组件软钎焊生产工艺复杂，制造难度大，目前国内还未形成统一标准。由于使用工况的特殊需求，阀座组件的生产制造质量就显得尤为重要。在以往的生产制造中，为了满足设计技术要求，需经复杂的工艺制造过程和各项严格质量检测方法的筛选，但该组件产品的合格率仍仅为30%左右，导致阀座组件产品的生产经常成为制造短板。为此，笔者开展了阀座组件制造工艺技术研究，并对其生产工艺机理进行了一系列的试验分析，解决了棘手的生产工艺难点，确保了产品质量，为阀座组件的批量生产需求提供了技术支撑和生产保障。

　　阀座组件产品应用时需承受液氢液氧低温、高频振动、泵腔压力及密封的复杂工况。因此，本工作法主要针对波纹管挂锡工艺、阀座镀铜工艺和阀座组件钎焊工艺三部分进行研究。其产品结构属异种金属焊接，钎焊工艺复杂，制造难度

大。经过对阀座组件问题产品进行全面复查和故
障分析，发现钎焊缝质量不良的原因包括以下 5
点：（1）不锈钢波纹管挂锡效果不良；（2）铝合
金法兰盘镀铜层质量不好；（3）钎焊缝气孔、夹
渣等缺陷较多；（4）钢／铝异种金属钎焊缝结合
力薄弱；（5）实际试车多次发生泄漏，影响安全。

　　阀座组件钎焊缝的缺陷会严重影响氢氧火箭发
动机阀门的质量稳定性，需要专题开展不锈钢／铝
合金阀座组件钎焊工艺研究工作，为氢氧火箭发
动机批量生产和即将到来的火箭高密度发射提供
保障。

二、产品制造流程

　　阀座组件钎焊试验采用与正式产品同种材
料、同样尺寸结构的试验模拟件，按现有工艺流
程和规范进行钎焊，如图 2 所示。

　　选用自动控温电炉作为波纹管挂锡的加热设

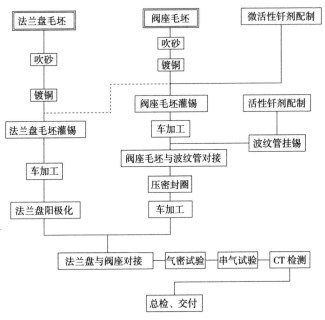

图 2　阀座组件工艺流程

备，选用自动控温加热炉配制微活性钎剂，要求药剂的熔化温度为 120℃～130℃。选用 QH5-5-500型钎焊炉，钎焊炉功率为 5kW，可自动调节和控制加热温度。加热速率均满足产品生产需求，阀座组件的灌锡和对接均由 QH5-5-500 钎焊炉来完成。

三、钎焊工艺

阀座组件的锡铅钎焊难度大，制造工艺固化后，工艺方法相对保持一致。

阀座组件锡铅钎焊主要有 4 个步骤：

（1）毛坯吹砂镀铜。将铝合金阀座和法兰盘毛坯进行表面吹砂，其表面粗糙度按工艺文件要求应均匀一致。然后将吹好砂的毛坯零件进行表面镀铜处理，并保证毛坯零件窄深槽处镀铜层的厚度差在其工艺文件要求范围内，可采用旁证剖切试验来检测镀铜层厚度。

（2）毛坯灌锡。将镀铜后的阀座、法兰盘的毛坯零件置于可自动调节温度的电炉内，使待钎焊零件快速加热至锡铅钎料熔化温度区间，在微活性钎剂的作用下令钎料充分浸润，并在钎料搅拌棒和刮板的辅助下，完成零件毛坯的灌锡操作。

（3）波纹管镀镍挂锡对接。为了增加不锈钢波纹管与锡铅钎料连接强度，先将不锈钢波纹管待钎焊处进行局部镀镍处理，然后在活性钎剂的作用下对其进行挂锡操作。将挂好锡的不锈钢波纹管与阀座在定心轴工装的作用下置于电炉内，加热至锡铅钎料熔化状态，然后在微活性钎剂的保护下完成对接钎焊。

（4）阀座与法兰盘对接钎焊。先将灌好锡的法兰盘置于电炉内，快速加热至熔化状态，然后在微活性钎剂的保护下，将阀座和波纹管插接好的组合件与法兰盘在定心轴工装的作用下对接钎焊，冷却后用酒精和温水清理产品至工艺文件要求状态，不允许有任何残留物附着。

第二讲

钎剂的配制方法

钢/铝软钎焊的重要环节就是钎剂的配制，在一系列的试验验证下，笔者逐渐探索出适宜钢/铝软钎焊表面处理与防护的钎剂配制方法，并且需要在特定的环境下来完成。钎剂需要活性钎剂和微活性钎剂，并按实际应用效果需求形成的规范工艺方法进行配制。

一、活性钎剂的配制

选择配制场地要求为 $1m^3$ 左右透明亚克力围成的密闭操作空间，并且须带有过滤环保强力抽风装置。准备一个容量为 2L 的玻璃烧杯，先在玻璃烧杯中倒入 300g 盐酸，然后将 12g 氯化亚锡加入 300g 盐酸中，用搅拌棒搅拌使溶液均匀后，加入 120g 金属锌，经过 4 ~ 5h 的充分反应后，活性钎剂达到饱和状态，放入玻璃器皿中加盖备用。因活性钎剂有较强的刺激气味，配制时需在无人通风处放置至少 5h，且现用现配制。

二、微活性钎剂的配制

选择配制场地要求为 1m³ 左右透明亚克力围成的密闭操作空间，并且须带有过滤环保强力抽风装置和加热电炉。准备一个容量为 1L 的坩埚，加热熔化 90g 凡士林，温度为 120℃ ~ 130℃，加入 28g 丙三醇和 8g 石蜡切片，待完全溶化后，加入 56g 松香粉末，松香粉末分数次加入，每次加入少量，而且边加入边搅拌，最后加入 12g 氯化锌和 6g 氯化铵，直至完全溶化，并不断搅拌使之均匀，然后从电炉上取下，放置于操作台上，自然冷却至室温。取出 20g 送冶金鉴定部门化验鉴定，酸值不大于 100mgKOH/g，鉴定合格后，放置于密闭容器中，待钎焊时使用。

第三讲

钢/铝表面焊前处理方法

一、毛坯吹砂镀铜

1. 吹砂工艺

研究试验发现，在铝合金法兰盘和阀座钎焊槽加热灌锡中会出现局部镀铜层鼓包脱粘现象，撕开鼓包脱粘处的镀铜层，抚摩铝合金表面，质感光滑，无粗糙感，分析为砂粒过细或吹砂不均匀所致。通过改进吹砂装置，使之能够全方位可调节控制，并且量化吹砂工艺过程。根据产品钎焊需要，要求对法兰盘毛坯与阀座毛坯的待钎焊灌锡凹槽处进行吹砂处理，可选择可调节变位自动控制吹砂设备，如图 3 所示。将法兰盘毛坯或阀座毛坯固定在卡盘上，通过编辑控制程序，要求对法兰盘毛坯或阀座毛坯的待钎焊灌锡凹槽处进行均匀吹砂，采用 0.5 ~ 0.7MPa 压力，选用 I 类砂进行吹砂。吹砂时，喷嘴距离钎接凹槽 200 ~ 300mm，吹一遍即可，以期达到产品零件表面粗糙度一致的目标。

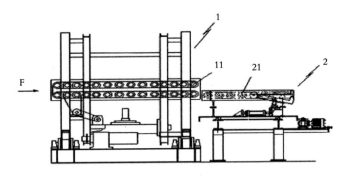

F　　代表零件进给方向
1　　代表变位系统
2　　代表吹砂系统
11　　代表变位系统中的传动装置
21　　代表系统传动装置

图 3　可调节量化吹砂设备

2. 浸锌工艺

浸锌的主要目的是提高铝合金基体与镀铜层的结合力，浸锌层只有达到一定的厚度才能提高结合力，否则浸锌难以达到目的，因此浸锌时间是关键所在。在分析渗漏故障件时，笔者发现渗漏部位已无浸锌层。从图4、图5的金相检测结果可以看出：浸锌时间为20s和15s，浸锌时间太短，在后续的镀铜过程中，由于腐蚀和界面反应的联合作用，会导致凹槽内浸锌层太薄或者已无浸锌层，镀铜层与基体之间脱开，镀铜层与基体之间有空隙，表现为黑线。

而浸锌时间为1min和30～45s的镀铜层与基体结合良好，浸锌层达到一定厚度，并且无明显空隙，说明浸锌层的厚度大小是黑线存在与否的关键因素，直接影响镀铜层与基体的结合性能。在此基础上，笔者制定了新的浸锌工艺操作规范，改变了原工艺方案中，浸锌是为了保证锡

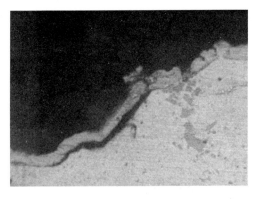

图 4　浸锌未优化的镀铜层与基体

图 5 浸锌优化后的镀铜层与基体

铅钎料与铝合金表面实现连接的错误观念，首次确立了浸锌中间层工艺，即实现了铝与浸锌层连接、浸锌层与锡铅钎料连接的新的稳定的中间层变性工艺，使钎焊法兰盘、阀座零件产品的连接强度得到了大幅度的提高。

3. 镀铜工艺

阀座毛坯、法兰盘毛坯灌锡前须进行镀铜处理。根据以往的生产经验，镀铜质量对锡铅钎焊质量有较大的影响，笔者对此进行了技术分析。阀座组件和法兰盘钎焊凹槽深 4mm，宽度仅 2.4mm，属窄深槽电镀，存在以下技术难点。

（1）铝合金上镀铜层厚度无法测量。

（2）铝合金上镀铜层结合力不易控制。

（3）窄深槽内镀铜层的均匀性和粗糙度不易控制。

（4）凹槽内镀铜层的厚度、均匀性、结合力和表面粗糙度都可能直接影响钎焊产品性能。

针对以上问题，笔者采取了相关技术措施和工艺方法。

（1）要求零件毛坯凹槽均匀吹砂，以提高镀铜层结合力和控制表面粗糙度的均匀性。

（2）做好电镀铜的前处理，浸锌处理后须尽快转入氰化镀铜，以保证镀铜层结合力。

（3）酸性电镀铜时先采用大电流冲击，提高镀铜层覆盖能力，然后改用中等电流密度镀铜，电镀过程中须定时持续翻转摆动零件，保证镀铜层均匀性。

（4）通过严格控制电流密度和电镀时间来保证镀铜层厚度。

（5）首件电镀完成后，须进行镀铜层厚度旁证剖切试验和镀层结合力试验，合格后方可进行后续批产操作。

在试验过程中发现，产品生产最关键的环节就是钎焊过程中灌锡工艺的实施，经常出现钎料熔液在零件凹槽底部不润湿、不附着的现象。经金相分析，凹槽底部已无镀铜层，确认为镀铜层过薄，不能与钎料形成有效的界面连接。铝合金法兰盘和阀座钎焊槽属窄深槽，由于电镀铜原理的作用，不可避免地会出现镀铜层不均匀的现象。即靠近外侧槽口部分，由于比较容易导电，电镀铜离子附着的概率要成倍于窄深槽底部。如果采用原工艺方案中的固定悬挂方式镀铜，即便增加镀铜时间，槽底有一定厚度的镀铜层，灌锡后进行零件表面车加工后发现，由于槽口镀铜层过厚，两种金属在冷却收缩的过程中也会出现分离脱层现象。鉴于此，笔者制定了新的操作工艺。即酸液电镀铜时先用大电流冲击，提高镀层覆盖能力，然后用中等电流密度，电镀过程中，要经常翻转摆动零件，保证镀层均匀性；经金相分析，槽底与槽口的镀层均匀差控制在 3μm 以内，如图 6、图 7 所示，完全满足要求。

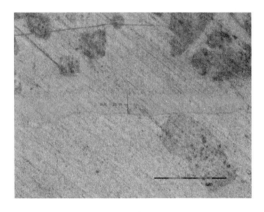

图 6　阀座镀铜层

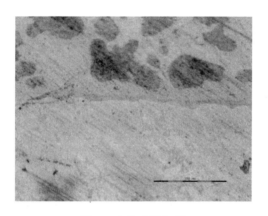

图 7　法兰盘镀铜层

4. 阀座毛坯的吹砂、镀铜

笔者用 QH5-5-500 钎焊炉进行了 5 件阀座毛坯的灌锡，灌锡后出现镀铜层与 LF6 阀座毛坯基体剥离的现象，其中 1 件送冶金部门进行了剖切金相分析，发现灌锡槽内镀铜层同样与基体剥离，1 件进行了未灌锡的镀铜层加热试验，其余 3 件退锡后重新吹砂、退铜。

笔者将 1 件刚出库的新阀座毛坯和 3 件退铜阀座毛坯送吹砂、镀铜，结果发现这 4 件阀座毛坯灌锡后镀铜层又与基体剥离。分析结果表明，吹砂、镀铜工艺不稳定仍是减弱基体与镀层间结合力的主要因素；另外，镀铜层较厚也导致基体与镀铜层间界面应力的加大，在加热灌锡时易导致镀铜层剥离现象。针对剥离现象，笔者再次将 4 件阀座毛坯加热退锡后重新吹砂、退铜、吹砂、镀铜、灌锡，在吹砂时增大毛坯表面的粗糙度，并加强毛坯镀铜前的处理，试

验结果是灌锡后未出现镀铜层与基体剥离的
现象。

5. 法兰盘毛坯的吹砂、镀铜

由于法兰盘毛坯灌锡受零件结构影响，导致
镀铜和灌锡工艺的实施更加困难。法兰盘灌锡
时，凹槽外侧圆周方向的凸起台阶对灌锡凹槽内
的镀铜工艺的实施会产生严重的干扰，由于电解
液电镀过程中的近地导电原理，凹槽内镀铜层的
均匀性更难保证。出库20件法兰盘，经吹砂、镀
铜后，笔者用QH5-5-500钎焊炉进行了灌锡试验。
起初的10件法兰盘灌锡时，焊缝内部总出现一
段钎料熔化后不润湿的现象。针对这一现象，笔
者在镀铜过程中增加了3个工艺：（1）入槽时冲
击电流；（2）镀铜过程中工件的摆动；（3）改变
电极位置。经镀铜工艺改进后，后10件法兰盘
灌锡试验结果显示钎料均润湿良好。

从法兰盘毛坯和阀座毛坯的吹砂、镀铜可以

看出：吹砂、镀铜的质量是影响毛坯灌锡质量的重要因素之一。

二、毛坯灌锡

毛坯送吹砂、镀铜（镀铜后 24h 内灌锡），灌锡槽内填满钎料，毛坯置于 QH5-5-500 钎焊炉内加热，钎焊炉设定温度 900℃，阀座毛坯加热时间为 2 ~ 3min，法兰盘毛坯加热时间为 4 ~ 5min，当钎料熔化时立即将毛坯取出钎焊炉，沿环槽添加微活性钎剂，使其充分浸润，不停搅拌，并补充钎料填满槽。其中，钎料熔化时间点的掌握对产品钎接质量影响较大。时间越短，零件的基体温度越低，钎料润湿就越困难。时间越长，零件的基体温度越高，氧化越严重，零件出现气孔和未浸润等缺陷的概率也就越高。起初的 10 件法兰盘灌锡不好，于是在后续法兰盘灌锡时改进了操作方法：钎料刚开始熔化即进行灌锡工艺过程操作，试验结果显示操作方法的改进使灌锡效果良好。

　　但是，经技术措施和工艺方法改进后，在后续的灌锡过程中仍出现了锡液不浸润和灌锡后镀层起皮问题。经模拟件试验后发现，凹槽内锡液不浸润处底部出现发黑碳化现象，与现场直接使用无镀铜铝板经加热后涂抹微活性钎剂出现的发黑碳化现象一致，说明凹槽内不浸润处已无镀铜层。研究分析认为，锡液不浸润的原因有：（1）吹砂太粗，导致镀层粗糙，影响锡液浸润。改吹细砂后，虽然解决了锡液浸润问题——凹槽底部发白，说明锡液有浸润，但是仍出现了锡液在凹槽内打滚不润湿的现象。原因是镀前零件表面太细，使锡液附着困难。（2）影响了镀层结合力，导致灌锡后镀层起皮。根据分析结果，采用适中的粒度吹砂后，后续的灌锡都获得了成功。

三、波纹管挂锡对接

1. 波纹管镀镍

原工艺采用在不锈钢波纹管两端头待焊处直接做酸洗活化后挂锡，因不锈钢表面膜非常复杂，较难与锡铅钎料形成稳定的共晶化合膜，过渡膜复杂、脆弱，连接强度低，因此在恶劣工况下使用时，经常出现沿不锈钢与锡铅钎料界面的渗漏现象，如图 8 所示，致使结构失效。

经考证分析，在不锈钢波纹管待焊处预先采用局部镀镍工艺，因为镀镍层与不锈钢表面具有良好的结合力，镀镍层又极易与锡铅钎料形成稳定的化合膜，连接强度好，所以，针对原波纹管挂锡工艺增加镀镍工序，即零件接收→装挂→局部保护（按需）→化学除油→热水洗→冷水洗→电解除油→热水洗→冷水洗→弱腐蚀→冷水洗→活化→冷水洗→中和→冷水洗→镀镍（3 ～ 10μm）→冷水洗→压缩空气吹干→交检。经多次

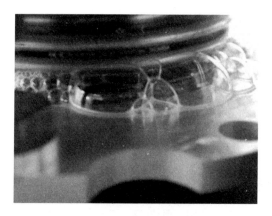

图 8   0.2MPa 气密试验时的渗漏情况

波纹管电镀工艺试验件的试验结果表明：电镀镍时固定电流密度为 $1A/dm^2$，电镀时间控制在 80 ～ 100min，可保证镀镍层厚度在 3 ～ 10μm 的合理范围。

从渗漏故障件分析中得知，渗漏处沿不锈钢波纹管一侧也有空隙存在。依考证资料得知，不锈钢除含铁外，还含有铬、镍、锰、钛、钼、钨、钒等元素，所以在不锈钢表面能形成多种氧化物，甚至是复合氧化物。不锈钢中的 Cr_2O_3 是比较稳定的氧化物，较难去除。而不锈钢中含有钛元素时，氧化物更稳定，也更难去除。因此，从原理上讲，不锈钢与锡铅钎料的结合力本来就很薄弱，而采用在不锈钢表面镀镍的方法是屏蔽不锈钢复杂表面膜、增加钎焊结合力的最佳选择。因为 Ni 比较稳定，表面膜比较纯洁，又极易与锡铅钎料中的 Sn 通过形成 Ni_3Sn_2/Ni_3Sn_4 化合膜而形成稳定的连接，所以，采用不锈钢波纹管待钎着区域表面局部镀镍技术是保证波纹管挂锡质量、提高钎焊缝结合力的必要保障。各项改进措施落实后，两个型号阀座组件产品的钎焊缝 CT 检查、气密、振动测试均顺利通过，钎焊缝合格率得到显著提高，产品使用性能也得到了保证。

2. 波纹管挂锡

将波纹管两端待挂锡处（特别是焊缝处）内外侧均用细砂纸打磨光亮，用汽油清洗，然后再用酒精清洗并吹干，之后波纹管两端镀镍 3 ~ 10μm，将波纹管端头在活性钎剂中浸渍，时间为 15s，然后挂锡。挂锡时，选用平底加热容器，先将锡铅钎料加热至熔化状态，深度应与挂锡高度一致，将镀好镍的波纹管放入熔化后的锡铅钎料中，旋转一周后取出。在无水酒精中用毛刷刷洗挂好锡的波纹管表面附着物，然后立即进行中和处理。在 2% 的氢氧化钠水溶液中，中和处理 2 ~ 3min。用金属夹将波纹管从氢氧化钠水溶液取出，在流动的 70℃ ~ 80℃热水中冲洗，时间不少于 3min，在酒精中清洗并吹干。放入真空烘干炉中将波纹管烘干，烘干温度：70℃ ~ 80℃；真空度：优于 –0.05MPa（表压）。

　　为了进一步提高波纹管的弹性模量，将波纹管由原来材料 $1Cr_{18}Ni_9Ti$ 更换为 $00Cr_{17}Ni_{14}Mo_2$。由于波纹管材料的变更，耐蚀性产生较大的变化，需进行 $1Cr_{18}Ni_9Ti$ 和 $00Cr_{17}Ni_{14}Mo_2$ 模拟件波纹管的挂锡对比试验。对比试验发现：$00Cr_{17}Ni_{14}Mo_2$ 模拟件波纹管挂锡时出现大量黑灰色腐蚀斑点，经多次试验验证和理化分析，$00Cr_{17}Ni_{14}Mo_2$ 模拟件波纹管酸洗时间需控制在 30s 以内，并适当缩短挂锡温度区间。其后，$00Cr_{17}Ni_{14}Mo_2$ 模拟件波纹管不再出现黑灰色腐蚀斑点，从而满足了设计使用要求。

第四讲

钢/铝软钎焊制造工艺

一、波纹管对接钎焊

将已经挂锡的波纹管用酒精清洗并吹干，然后把灌好锡的阀座放入 QH5-5-500 钎焊炉内加热，钎焊炉设定温度 900℃，阀座加热时间为 3～4min，待钎料熔化后用不锈钢金属片刮去钎料表面的氧化层。在波纹管一端头部涂一层微活性钎剂，经定心轴工装定向后插入熔化的锡铅钎料环槽内，转动 1～2 圈。移出钎焊炉至冷却后，分别再用 70℃～80℃ 的热水和酒精清洗钎剂残留物并吹干。

二、阀座与法兰盘对接钎焊

将波纹管待钎焊处用酒精清洗并吹干，涂一层微活性钎剂。用酒精清洗法兰盘并吹干，然后将法兰盘放入 QH5-5-500 钎焊炉内加热，钎焊炉设定温度 900℃，加热时间为 4～5min，待钎料熔化后从钎焊炉中取出，刮去钎料表面的氧化层。将定心轴工装插入法兰盘的中心孔，用定心轴工装导向，波纹管经定心轴工装定向后插入熔化后的锡铅钎料环槽内，转动 1 ~ 2 圈，按需要添加钎料、钎剂并刮抹，使钎接焊缝更加浸润和饱满。为防止定心轴工装将法兰盘的热传导到阀座焊接组件端面的氟塑料密封圈上，造成密封圈串气，波纹管插入法兰盘钎料环槽内后转动 1 ~ 2 圈，用酒精不断擦拭冷却密封圈区域，等钎料固化后，擦去钎剂。用 50 ± 5℃的热水清洗，吹干。经金相剖切分析，试验结果满足预定要求，如图 9、图 10 所示。

图 9　阀座部分波纹管镀镍挂锡层

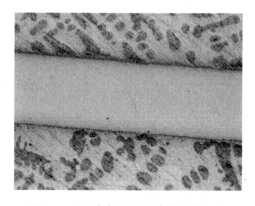

图 10　法兰盘部分波纹管镀镍挂锡层

第五讲

钢／铝软钎焊产品质量检测

对阀座组件以前生产批次进行 CT 检测和金相分析的结果表明，在产品槽口内部镀铜层一侧和波纹管不锈钢一侧有密集气孔聚集，在沟槽底部有未融合现象产生。经相关考证资料分析，一是由于在加热锡铅钎料过程中，温度过高使熔化的液体钎料产生沸腾，在冷却过程中，由于温度传感的梯度效应，在基材与钎焊缝边界处产生聚集，由此形成密集小气孔。二是由于镀铜层极易与钎料中的锡形成 Cu_6Sn_5 和 Cu_3Sn 金属间化合物，并在镀铜层薄弱处脱落形成较大气孔。不锈钢表面膜极其复杂，尤其 Cr_2O_3 是比较稳定的氧化物，较难去除，也是形成较大气孔的原因。沟槽底部的未融合现象主要是加工过程中的镀铜层氧化所致，如图 11、图 12 所示。针对上述现象，笔者首次研究采用了镀铜层后进行弱酸洗，然后采用纯净水进行超声波清洗的方法。对不锈钢波纹管增加了在挂锡前的待钎着区域

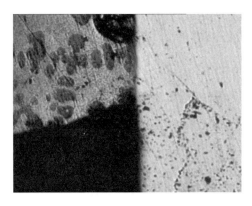

图 11　凹槽底部已无镀铜层

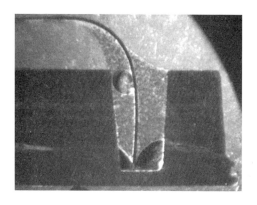

图 12　凹槽底部已无浸锌层

进行砂纸打磨等机械去膜加工和局部镀镍工艺，并在法兰盘和阀座灌锡时在微活性钎剂里加入氯化锌及氯化铵等成分，进一步起到对镀铜层进行清洗和表面防护的作用。在不锈钢波纹管挂锡时使用的活性钎剂里加入氯化亚锡和金属锌等元素，以进一步活化和稳定不锈钢镀镍后的表面膜处理等操作方法，使上述缺陷大幅度减少。

一、气密试验

将阀座组件产品安装在打压工装上，向阀座组件产品内腔通入 0.5MPa 的空气，放入酒精中，保持 3min，不允许渗漏。试验生产的前 3 件产品气密试验合格。试验生产的后 4 件产品，2 # 件压力密封圈部位 $\Phi 1$ 孔有渗漏（不在钎焊缝处），其余 3 件气密试验合格。试验证明打压工装还有待完善，于是笔者进一步将打压工装进行改进，使压缩量趋于平衡，后续产品试验一次通过。

二、串气试验

阀座端面槽内压入氟塑料密封圈后，进行一次串气试验，阀座密封组件和法兰盘钎焊对接后进行第二次串气试验，以保证生产工艺的正确性。

试验生产的前 3 件产品，两次串气试验均合格。试验生产的后 4 件产品的第一次串气试验均合格，第二次串气试验时，2＃件压密封圈部位 $\Phi 1$ 孔有渗漏（和气密试验均为同一渗漏处，不在钎焊缝处），其余 3 件产品合格。通过改进串气试验工装，标注压缩刻度，确保压力平衡，后续产品试验一次通过。

三、CT 检测

对焊缝进行 CT 扫描成像检查，每条焊缝径向 CT 切两刀，轴向每隔 2mm 切一刀，记录气孔的大小、数量以及气孔在两刀中的相对位置，并提供每刀的 CT 成像图，不允许波纹管两侧有贯穿性气孔，按标准出具 CT 检测判别报告。

试验生产的前 3 件产品，每条焊缝径向 CT 切两刀，按"两个切片图像同一位置出现气孔，判定该处是贯穿性气孔"原则进行了判定，3 件产品的切片图像见图 13、图 14。

经一系列生产工艺和控制措施改进后，试验生产的后 4 件产品，每条焊缝径向 CT 切三刀，按"三个切片图像同一位置出现气孔，判定该处是贯穿性气孔"原则进行了判定，未发现有贯穿性气孔，切片图像见图 15、图 16。

从上述 CT 检测结果来看，试验生产的后 4 件产品内部质量明显比试验生产的前 3 件产品内

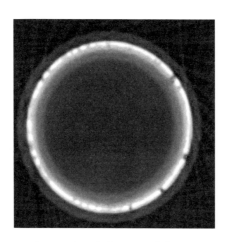

图 13　前 3 件产品的阀座钎焊缝

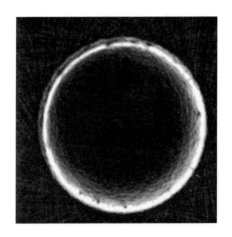

图 14　前 3 件产品的法兰盘钎焊缝

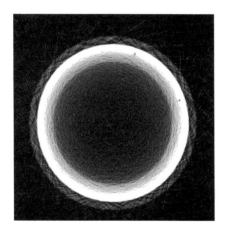

图 15　后 4 件产品的阀座钎焊缝

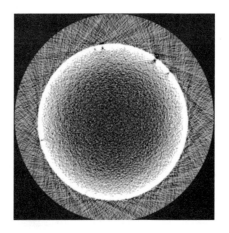

图 16　后 4 件产品的法兰盘钎焊缝

部质量提高很多，主要原因有：

1. 镀镍工艺影响

波纹管局部镀镍的目的是改善挂锡、钎焊性能，将 3 件波纹管送计量理化所进行剖切以测量厚度，测量结果为：外侧镍层厚度为 0 ～ 2μm，内侧镀层厚度为 0 ～ 1μm。从镀层厚度测量结果看出，镀镍的电镀效率较低，镍层不连续，这可能是工装较大面积的导电部位分散了电力线，大大降低了施镀部位的电流密度。因此，进一步对上述工装进行了改进，将工装的两个堵头进行刷胶保护，并且改变零件的装挂方向，使施镀部位与阳极垂直相对，最大限度地增加电流效率。

采用改进后的工装在电流密度为 $1A/dm^2$ 时，电镀两件波纹管，时间为 60min。电镀后的波纹管如图 17 所示。

将 2 件试验件送计量理化所进行厚度测量，测量结果为：外侧镍层厚度 3 ～ 5μm，内侧镀层

图 17　采用改进后的工装电镀的波纹管

厚度 2 ~ 4μm。这说明改进后的工装不仅起到了局部保护的作用，同时也提高了电流效率，并且使得镀镍层更加连续。图 18 至图 21 为镀镍前后剖切比对效果，说明波纹管镀镍后钎料的致密度得到提高和气孔出现的概率大幅度降低。

2. 吹砂工艺的影响

由上述试验可知：使用粗砂吹砂工艺，会使镀铜表面粗糙，影响锡铅钎料的浸润。使用细砂吹砂工艺，又使镀铜层与铝合金基材表面间的结合力下降，产生脱层起皮现象。选用适中粒度的吹砂工艺和规范的操作方法，可以提高镀铜层与铝合金基材的结合力，对于提高镀铜层和钎焊缝连接质量影响较大。

3. 产品结构的影响

由于阀座和法兰盘的钎接凹槽属于窄深槽镀铜，受电镀离子流就近附着原理的影响，槽内镀铜层的均匀性很难保证。经剖切分析，凹槽底部

图 18　波纹管不镀镍阀座剖切件（1）

图 19　波纹管不镀镍阀座剖切件（2）

图 20 波纹管镀镍阀座剖切件（1）

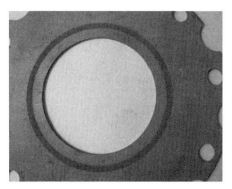

图 21 波纹管镀镍阀座剖切件（2）

已无镀铜层。必须改进镀铜操作工艺，才能保证
槽内的镀铜质量。即阀座、法兰盘在电镀铜时，
增加零件的转动和前后摆动，使电镀溶液的铜离
子更均匀地接触到窄深槽底部，改变电镀电极的
位置，使电流冲击效果和电镀效果更加有效，进
而把镀铜层的均匀性控制在 3μm 之内，为产品可
靠性增长提供技术保证。

4. 浸锌工艺的影响

　　浸锌是镀铜的基础，没有一定厚度的浸锌层，
镀铜离子是很难与铝合金基体产生牢固结合的。
原工艺规范规定，镀铜前毛坯的浸锌时间为 20s
左右，经剖切分析后发现已无浸锌层显现，说明
浸锌时间过短、浸锌层太薄，在后续的镀铜酸液
的腐蚀下，使浸锌层消失。必须延长浸锌时间至
40s ～ 1min，效果才能良好。经金相剖切分析，
镀铜后浸锌层依然存在，起到了良好的中间层作
用，提高了镀铜层与铝合金基体的连接强度。

5. 镀铜工艺的影响

由于受到产品结构和镀铜电解液电镀原理的影响，必须改进镀铜工艺，优化镀铜工艺参数。例如，改变电流强度，增加零件的翻转和摆动，改变电极位置，随时监测电解液的质量等。为了使镀铜质量的一致性大幅度提高，加大冲击电流和电镀电流，周期性地对被镀零件进行翻转和摆动，依零件结构的变化而相应地改变电镀电极位置，对电解液周期性地化验其成分含量，确保电解液的浓度在工艺文件要求的范围内，确保镀铜层的致密性和一致性符合检测标准。

6. 钎接温度的影响

由于阀座和法兰盘采用铝合金材料和镀铜工艺，所以材料和结构具有导热性好、易氧化的特点。因此，为了保证钎接质量，应严格控制零件的加热温度和时间。即控制好零件产品的加热速率是关键，应在最短时间内使零件产品窄深槽内的钎料达到熔化状态，并在微活性钎剂的保护下，使钎液达到充分的润湿和钎着，确保零件产品钎着结合力满足产品试验、检测和实际工况的使用要求。

7. 钎剂的影响

钎剂在钎接过程中起着决定性的关键作用，对钎接界面有腐蚀、清理、保护的功效，是使钎接界面达到充分连接的必要手段。因此，在钎剂加入量和浸泽时间上应严格掌握。因为活性钎剂具有较强的腐蚀性，所以在清理和活化待钎着界面的同时，一定要注意时间上的控制：时间短了，待钎着界面清理不干净，直接影响钎着效果；时间长了，又会对零件产品基材产生过腐蚀现象，影响产品的合格交付。微活性钎剂的使用也存在加入量和浸泽时间的控制问题，加入量少，会造成待钎着界面氧化，起不到保护和屏蔽作用；加入量大，会影响钎料润湿，并使残留物增加，影响产品的合格交付。因此，必须严格掌握钎剂的加入量和浸泽时间，才能保证产品指标满足技术要求，合格交付。

8. 铜锡钎接工艺的影响

由于此产品采用的工艺属于铜锡钎接工艺，据文献记载和实践考证，在基材与钎接界面容易形成 Cu_3Sn/Cu_6Sn_5 两层复合化合物薄膜，脱落后形成气孔。因此，在钎接过程中应禁止刮削钎接凹槽内表面，以降低产生气孔的概率。具体到操作过程，就是要避免对零件产品的窄深槽各表面进行机械刮削，可制作顶部为圆头的圆柱形搅拌棒，配合钎接熔化过程，轻轻搅拌一遍即可，以检查钎接过程中的润湿情况，确保钎着率符合设计图纸、工艺文件等技术要求。

9. 钎接组装操作方法的影响

除上述各个环节按要求和规律认真执行外，还要随时对熔融钎料表面氧化膜进行清理，否则也会影响钎接焊缝的润湿和表面成型。在阀座组件产品钎接组装过程中，由于是在电炉高温环境中进行操作，尽管有钎剂的保护作用，但是也会产生熔融钎料的表面瞬时氧化，特别是在阀座组件产品组装对接的过程中，在及时用不锈钢金属片刮去熔融钎料的表面氧化层后，应迅速在定心轴工装的导向下进行插接组装操作，并辅以微活性钎剂保护，在过程中随时观察，钎接润湿角符合设计图纸和工艺文件技术要求后才可以停止操作，待完全冷却后进行阀座组件产品的清理和清洗。

后　记

面对近年来复杂多变的国际形势，我国必须建立起独立自主的航天国防体系及技术应用工程，要不断提升技术内涵，提高航天产品的质量和可靠性。

钢／铝异种金属软钎焊制造技术的成功研发应用，使阀座组件产品的质量与"长征三号"甲系列运载火箭氢氧发动机的可靠性增长相匹配。通过一系列新技术的首次应用，提升和改进了产品的钎焊质量，确保了我国北斗导航、嫦娥探月、深空探测和通信、气象卫星等工程高密度火箭发射的顺利实施，扬国威、振民心。笔者受到党中央、国务院、中央军委以及解放军总装备部、中国航天科技集团有限公司等各级领导的高度赞扬。

阀座组件软钎焊工艺是世界焊接界的难点课题，在没有相应国际和国内焊接标准的前提下，笔者开创性地提出了一系列新的加工理念，并付诸实践，开创了钢／铝异种金属软钎焊制造技术研究与应用的新领域。

作为中国航天科技集团有限公司一院211厂的一名普通工人，在国家和企业高度重视技能人才队伍建设的过程中，笔者多年来努力学习，刻苦钻研，勤于实践、勇于创新，在企业四十多年的工作经历中，先后攻克技术难关500多项，获得国家发明专利和国防专利26项，获国家、部委、院、厂级技术创新奖100多项，唯一以工人身份同时获三项国际发明展金奖，为企业群众性职工自主创新活动的开展起到了表率作用，并为航天系统内外培养了一大批高技能人才。仅在本班组就培养了 5 名全国技术能手、2 名中央企业技术能手和 1 名航天技术能手，为企业的技能人才队伍建设作出了自己应有的贡献。

　　目前，本项目技术成果已推广到航空、高铁、船舶、核能等领域，为突破我国焊接领域"卡脖子"技术难题提供了有效的技术支撑。

高凤林

2024 年 9 月

图书在版编目（CIP）数据

高凤林工作法：钢／铝异种金属软钎焊制造／高凤林

著．－－北京：中国工人出版社，2024.9. －－ ISBN 978-

7-5008-8509-2

Ⅰ. TG44

中国国家版本馆CIP数据核字第20248V1D25号

高凤林工作法：钢/铝异种金属软钎焊制造

出 版 人	董　宽	
责 任 编 辑	刘广涛	
责 任 校 对	张　彦	
责 任 印 制	栾征宇	
出 版 发 行	中国工人出版社	
地　　　址	北京市东城区鼓楼外大街45号　邮编：100120	
网　　　址	http://www.wp-china.com	
电　　　话	（010）62005043（总编室）	
	（010）62005039（印制管理中心）	
	（010）62379038（职工教育编辑室）	
发 行 热 线	（010）82029051　62383056	
经　　　销	各地书店	
印　　　刷	北京市密东印刷有限公司	
开　　　本	787毫米×1092毫米　1/32	
印　　　张	3.125	
字　　　数	35千字	
版　　　次	2024年12月第1版　2024年12月第1次印刷	
定　　　价	28.00元	

优秀技术工人百工百法丛书

第一辑　机械冶金建材卷

优秀技术工人百工百法丛书

第二辑　海员建设卷

蔡连财
工作法
半潜船浮装
操作

常洪霞
工作法
公交安全驾驶
与服务

陈宇航
工作法
大型管道
装配

陈竹祥
工作法
汽车漆膜修补

程克辉
工作法
常用
焊接操作技能

勾常春
工作法
盾构注浆
"制—运—注"
一体化集成系统

李燕肇
工作法
古建彩画
颜料调制
及彩画工艺流程

廖明
工作法
地铁司机应急处置
技能培训

魏钧
工作法
焊接十步
操作法

吴喜军
工作法
桥梁伸缩缝
微创技术

翟筛红
工作法
古建筑
冰纹窗制作

竺士杰
工作法
远控集装箱
岸桥操作法

优秀技术工人百工百法丛书

第三辑　能源化学地质卷

100 ARTISANS AND 100
TECHNIQUES SERIES

孙同根
工作法
S Zorb 装置
优化

100 ARTISANS AND 100
TECHNIQUES SERIES

王月鹏
工作法
基于绝缘平台的
绝缘杆作业法

100 ARTISANS AND 100
TECHNIQUES SERIES

王跃
工作法
滴定分析的
判断与控制

100 ARTISANS AND 100
TECHNIQUES SERIES

杨新海
工作法
车载移动测量技术
在实景三维成果
质量检验中的应用

100 ARTISANS AND 100
TECHNIQUES SERIES

杨义兴
工作法
油田修井现场
清洁生产
技术应用

100 ARTISANS AND 100
TECHNIQUES SERIES

游弋
工作法
煤矿供电系统
防误电
设计与应用

100 ARTISANS AND 100
TECHNIQUES SERIES

余姝
工作法
高陡峡谷区
地质灾害调勘查